JN207981

地震と私たちの暮らし

1 変わる制度・法律と取り組み

土佐清水ジオパーク推進協議会 事務局長
土井恵治 監修

はじめに

「地震」と聞いて、みなさんはどんな場面を思い浮かべるでしょうか。

- 何かがぶつかったようなドシンという音がする
- 建物が大きく揺れて家具がガタガタと大きな音を立てる
- 揺れたあとの津波が心配で避難の準備をする
- たくさんの建物が壊れる

地域によって地震の揺れを感じる回数が違うので、想像する様子はいろいろあるでしょう。
揺れを感じる回数が少ない地域でも、ひとたび大きな地震があると、そのあと揺れがくり返し続きます。実際にそのような地震や避難生活を経験した人は、怖くて心細い思いをし、不自由を感じたと思います。

日本では毎年のように、地震による被害が発生しています。地震を止めることはできませんが、みなさんが少しでも安心して暮らしていけるように、地震とはどういうものなのか、災害を減らすためにはどうしたらいいかについて、「地震と私たちの暮らし」を視点に、3つのテーマに分けて本を作りました。それぞれ1冊にまとめて紹介します。

第1巻では、「変わる制度・法律と取り組み」について取り上げます。日本で起きた地震災害の様子と、災害を教訓として作られたさまざまな災害を減らすための準備や取り組み、災害にあったあとの救助などのしくみについてまとめました。
地震に備えて何をしたらいいかについて、みなさんが考えるための参考としてください 。

土佐清水ジオパーク推進協議会 事務局長
土井恵治

チェックしよう！

学びのポイントには、3つのマークがついています。

地震から得た教訓をもとに、新しくできた組織やしくみ、取り組みなどを紹介しています。

これまで使われていた物やしくみが、地震の経験によってよりよくなったものを取り上げています。

時代や社会が変われば課題も変わります。近年起きた地震から、考えてほしいことを取り上げています。

もくじ

地震と私たちの暮らし ① 変わる制度・法律と取り組み

日本でこれまでに起きたおもな地震 … 4

制度や取り組みに影響を与えた地震

大正関東地震（関東大震災）… 6
兵庫県南部地震（阪神・淡路大震災）… 8
新潟県中越地震 … 16
東北地方太平洋沖地震（東日本大震災）… 18
大きく変わった災害医療 … 24
熊本地震 … 26
北海道胆振東部地震 … 28
能登半島地震 … 30
被災地でインタビュー
助かった命をつなぐために … 33

地震とともに見直される法律

災害予防のために ≫ 災害対策基本法 … 34
建築基準法 … 35
被災したときに ≫ 災害対策基本法 … 36
災害救助法 … 37
被災者生活再建支援法 … 37

さくいん … 38

この本の内容や情報は制作時点（2024年10月）のものであり、今後内容に変更が生じる場合があります。

日本でこれまでに起きたおもな地震

日本列島は、4つの板状のプレート（岩盤）の上にあり、プレートはぶつかり合うと、ひずみができて地震を起こします（▶2巻4ページ）。これまでに起きて、大きな災害となったおもな地震と場所を見てみましょう。プレートの境目や、列島のあちこちで起きていることがわかります。

❶ 大正関東地震（関東大震災） M*7.9
▶6ページ 1923（大正12）年9月1日

❷ 昭和三陸地震 M 8.1
1933（昭和8）年3月3日

❸ 鳥取地震 M 7.2
1943（昭和18）年9月10日

❹ 南海地震 M 8.0
1946（昭和21）年12月21日

❺ 福井地震 M 7.1
1948（昭和23）年6月28日

❻ 日本海中部地震 M 7.7
1983（昭和58）年5月26日

平成時代

❼ 北海道南西沖地震 M 7.8
1993（平成5）年7月12日

❽ 兵庫県南部地震（阪神・淡路大震災） M 7.3
▶8ページ 1995（平成7）年1月17日

❾ 鳥取県西部地震 M 7.3
2000（平成12）年10月6日

＊M……地震の大きさ（規模）を示す単位マグニチュードのことで、「M」で表す

＼大陸プレート／
北アメリカプレート
千島海溝
日本海溝
相模トラフ
伊豆・小笠原海溝
＼海洋プレート／
太平洋プレート
7
19
11
6
15
2
16
平成時代
10 芸予地震 M 6.7
2001（平成 13）年 3 月 24 日
11 十勝沖地震 M 8.0
2003（平成 15）年 9 月 26 日
12 新潟県中越地震 M 6.8
▶16 ページ 2004（平成 16）年 10 月 23 日
13 能登半島地震 M 6.9
2007（平成 19）年 3 月 25 日
14 新潟県中越沖地震 M 6.8
2007（平成 19）年 7 月 16 日
15 岩手・宮城内陸地震 M 7.2
2008（平成 20）年 6 月 14 日
16 東北地方太平洋沖地震（東日本大震災） M 9.0
▶18 ページ 2011（平成 23）年 3 月 11 日
17 熊本地震 M 7.3 ▶26 ページ
2016（平成 28）年 4 月 14 日～
18 大阪府北部の地震 M 6.1
2018（平成 30）年 6 月 18 日
19 北海道胆振東部地震 M 6.7
▶28 ページ 2018（平成 30）年 9 月 6 日
令和時代
20 能登半島地震 M 7.6
▶30 ページ 2024（令和 6）年 1月1日

制度や取り組みに影響を与えた地震

大正関東地震（関東大震災）

1923（大正 12）年 9 月 1 日

日本の災害対策を考える原点となった首都圏の地震

東京都や神奈川県、埼玉県、千葉県などを中心に南関東の広い範囲で震度 6、関東以外の多くの地域でも震度 5 から 1 までを観測した地震。発生時刻が昼食の時間帯だったこともあって多くの場所で火災が発生し、死者の約 9 割は火災が原因だったといわれています。火災のほかにも、土砂災害や津波も起こりました。

地震データ

発生時刻	1923（大正 12）年 9 月 1 日 午前 11 時 58 分
震央*	神奈川県西部 深さ 23km
地震の規模（マグニチュード）	7.9
死者・行方不明者	約 10 万 5000 人

出典：内閣府防災情報のページ「2023 年関東大震災 100 年」特設ページ

上：傾いた鉄筋コンクリートの建物
下：国府津小田原間の鉄道路線の被害

東京駅前の日本橋方面の焼けあと

＊ 震央……地震の原因となる地盤のずれや割れが最初に起きた地点（震源）から真上にある地表の地点（▶ 2 巻 16 ページ）

地震国と呼ばれる日本は、何度も大きな地震におそわれ、苦難を乗り越えてきました。現在の制度や取り組み、防災についての考え方は、過去の地震から学んでできあがっています。特に大きなきっかけとなった７つの地震を見てみましょう。

猛威をふるった火災旋風

地震発生後から東京市（当時）で発生した火災は、約46時間後に鎮火しました。鎮火にこれほど長時間かかったのは、日本海にあった弱い台風の影響で、風の向きが西、北、南と変わり、風の向きに合わせて燃え広がったのが原因です。さらに、火災によって発生する竜巻状の巨大なつむじ風（火災旋風）が被害を拡大させ、多くの犠牲者が出ました。

火災旋風を描いた『本所石原方面大旋風之真景』（あいおいニッセイ同和損保所蔵災害資料）

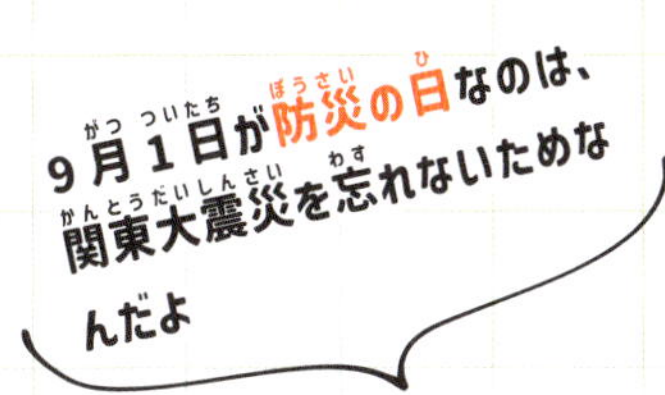

地震後にできた！

1 東京帝国大学（東京大学）地震研究所

関東大震災から２年後に設立。地震や火山、災害が起こるしくみを科学的に解明して、地震などの災害を軽減するために研究しています。

2 復興小公園

東京市（当時）の焼失した地域には、52か所の復興小公園がつくられています。整備などがくり返され、現在は49の公園が残り、かまどベンチを備えるなど防災公園としての役割を持つ公園もあります。

災害時に「かまど」として活用できる防災ベンチ

兵庫県南部地震（阪神・淡路大震災）

1995（平成7）年1月17日

防災と災害対策の強化を進めた大都市をおそった地震

国内で観測史上初めて、震度７の激しい揺れが起きた地震です。木造の住宅だけでなく、古い鉄筋コンクリートのビルも被災し、高速道路や新幹線をふくむ線路がくずれ、変わり果てた都市部の姿は大きな衝撃を与えました。多くの人が寝ていた早朝に発生したため、くずれた家屋や倒れた家具の下敷きになり、多くの死傷者が出ました。

地震データ

発生時刻	1995（平成７）年１月17日 午前５時46分
震央	淡路島北部 深さ16km
地震の規模（マグニチュード）	7.3
死者・行方不明者	6,437人

出典：消防庁「阪神・淡路大震災について（確定報）」（平成18年5月19日）

ダイエーさんのみやリビング館のような大きなスーパーも被災

ポートアイランドから望む長田方面の火災

国道43号線 岩屋交差点

地震発生の３日後に現地調査で震度７が判明

震源に近い兵庫県の神戸と淡路島の洲本で震度計が最大震度６を観測していました。しかし、３日後に神戸市、西宮市や宝塚市、淡路島の一部などは、最大震度７だったことが発表されています。

当時の震度７は、現地に足を運んで建物の倒壊などの被害の状況を調査して決めることになっており、震度７が適用されたのは阪神・淡路大震災が初めてでした。これがきっかけとなって、震度７もいち早く発表できるように、震度計の整備が進められました。

現地調査による震度７の分布
1995（平成7）年兵庫県南部地震

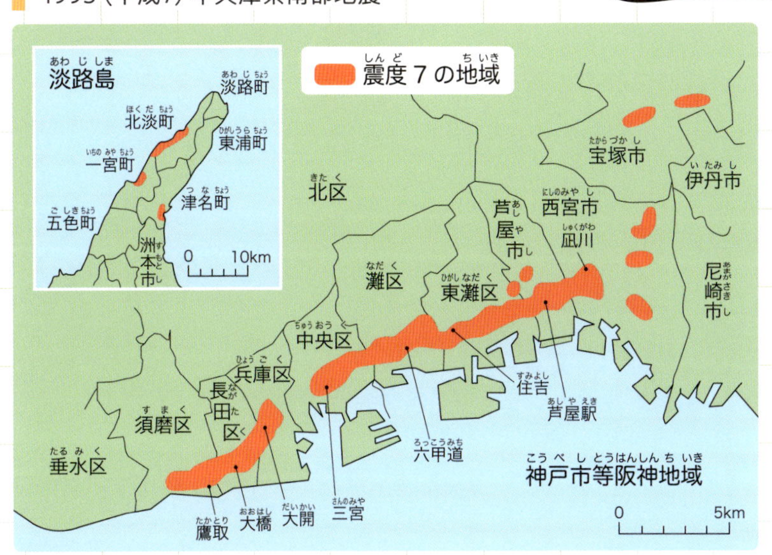

出典:気象庁「阪神・淡路大震災から 20 年」特設サイト

くずれ落ちた高速道路

この地震による死者の多くは、倒壊した建物などに押しつぶされたことによる圧死です。なかには、高速道路の倒壊や橋が落ちたことによって亡くなった人もいました。阪神高速道路では、このときの教訓を後世に伝えるために、震災資料保管庫で当時の様子を紹介するパネルや被災構造物を展示しています。

高速道路で宙づりになったバスの様子がパネルで展示されている

1 震度階級

地震の揺れの強さを段階的に示すことを、「震度階級」といいます。阪神・淡路大震災が発生した当時は、震度は、0から7まで8階級があり、震度0から震度6までは震度計による観測を行い、震度7は現地調査で決定していました（▶9ページ）。

この地震以降は、震度7も自動観測で速報できるようにし、震度階級が10段階になりました。震度5と6は、被害の状況に大きな差があるため、それぞれに「弱」「強」が設けられています。

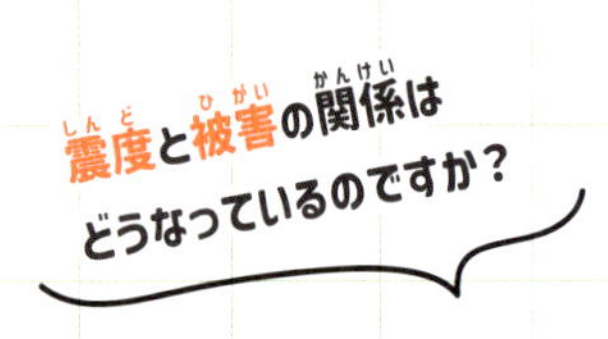

被害の目安があるので
覚えておきましょう

震度と揺れや被害の状況

震度0では、人は揺れを感じない。震度1は、屋内にいる人の中には、わずかに揺れを感じる人がいる。

屋内にいる大半の人が揺れを感じる。眠っている一部の人が目を覚ます。

屋内にいるほとんどの人が揺れを感じ、歩いているときに揺れを感じる人もいる。

ほとんどの人がおどろき、眠っているほとんどの人が目を覚ます。電灯などが大きく揺れ、食器類が大きな音を立てる。電線が大きく揺れる。

多くの人が恐怖を覚え、ものにつかまりたいと感じる。食器類や本が落ちたり、固定していない家具が移動したりすることがある。

2 水栓のレバー

キッチンなどの水栓のレバーは、レバーを上げると止まる「上げ止め式」が広く使われていました。しかし、地震のときに物が落下してレバーを下げ、水道水が出っぱなしになることが多く発生。レバーを下げると止まる「下げ止め式」が広まるきっかけになりました。

3 カセットコンロとガスボンベ

被災者の多くはカセット式のガスコンロを利用しましたが、メーカーによってガスボンベのサイズなどが違い、使えないことがありました。1998（平成 10）年にガスボンベの形状が 1 種類に統一され、どのメーカーのカセットコンロでも使うことができるようになりました。

今では当たり前のことは、このときの経験と教訓が活かされたんだね

ものにつかまらないと歩くことが難しい。食器類や本が落ちたり、固定していない家具が倒れたりする。補強されていないブロックべいがくずれることがある。

立っていることが難しくなる。固定していない家具のほとんどが移動し、倒れるものもある。壁のタイルや窓ガラスが破損し、ドアが開かなくなることがある。

はわないと動くことができない。飛ばされることもある。耐震性の低い木造建物は傾くものや倒れるものが多くなる。大きな地割れ、大規模な地すべり、山の一部がくずれることがある。

壁のタイルや窓ガラスが破損、落下する建物が多くなる。耐震性の高い木造建物でも傾くことがある。補強されているブロックべいも破損するものがある。

「気象庁震度階級関連解説表」をもとに作成

地震後にできた！

1 地震本部（地震調査研究推進本部）

戦後最大（当時）の被害が出た阪神・淡路大震災を教訓とし、日本全国で地震防災のための調査研究を進めるために設置された特別な機関です。地震が起きたときに少しでも被害を少なくするために、国の地震調査の司令塔として地震に関する研究の計画を立てるとともに、研究の成果を国民にわかりやすく伝えています。

また、揺れの予測に加えて、毎月の地震活動や被害を引き起こす地震活動の評価も行っています。

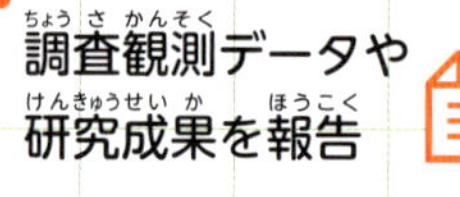

地震本部

役割

- 研究成果の取りまとめ
- 定期的な地震活動の評価
- 中長期的な地震の予測　など

調査観測の依頼や研究方針を示す →

← 調査観測データや研究成果を報告

研究・調査を行う機関

文部科学省	防災科学技術研究所
国土地理院	海洋研究開発機構
気象庁	産業技術総合研究所
海上保安庁	情報通信研究機構
大学	消防研究センター

研究の成果を国民に伝え、それをもとに学校や地域が防災計画を作成

▶ 緊急地震速報のしくみについては2巻の20ページで紹介します

2 緊急消防援助隊

地震のような災害が起き、被災した地域の消防力だけでは人命救助などが難しい場合に、他の市町村や都道府県から応援にかけつけるのが緊急消防援助隊です。

通常はそれぞれの地域で活動する消防隊員たちが、消防庁長官の指示などで全国から集まり救助にあたります。がれきや浸水地域でも走行できる特殊車両は、救助活動のほかに人や物資の輸送でも活躍します。

上：空からの救助訓練も行われる
下：水上も走れる大型水陸両用車

3 特別高度救助隊・高度救助隊

通常の消防施設や人では救助が難しい被災現場でも、素早く人命の救助ができる特別な技術と能力を持つ救助部隊です。消防救助隊のなかでも特別な任務を行い、訓練を受けて選ばれた人たちで構成されています。特別高度救助隊は、東京消防庁や札幌や大阪、名古屋などの政令指定都市などに配置されていて、ハイパーレスキューなどと呼ばれることもあります。

コラム

自衛隊の災害派遣

自衛隊は、地震などの自然災害が起きた場合に、被災者の救助や行方不明者の捜索のほか、医療や給水、人や物資の輸送などさまざまな災害派遣活動を行います。阪神・淡路大震災のときも、自衛隊が人命救助や給水などにあたりました。

4 広域災害救急医療情報システム「EMIS（イーミス）」

阪神・淡路大震災では、医療の需要が急増する一方、病院自体が被災したり、1か所の病院に多くのけが人が救急搬送されたりするという状況が発生しました。これを教訓としてつくられたのが、広域災害救急医療情報システム「EMIS」です。

災害時に被災した都道府県を越えて医療状況の情報を共有し、被災地域での素早く適切な医療・救護にあたるための体制が整えられました。

5 災害派遣医療チーム「DMAT（ディーマット）」

災害派遣医療チーム「DMAT」は、大地震が起きたときに、被災者の命を守るため被災地にいち早くかけつけ、救急治療を行うための専門的な訓練を受けた医療チームです。阪神・淡路大震災をきっかけとして、2005（平成17）年に発足しました。医師と看護師、業務調整員*でチームが構成され、被災現場で急性期（おおよそ48時間以内）から活動できる機動性を持っています。

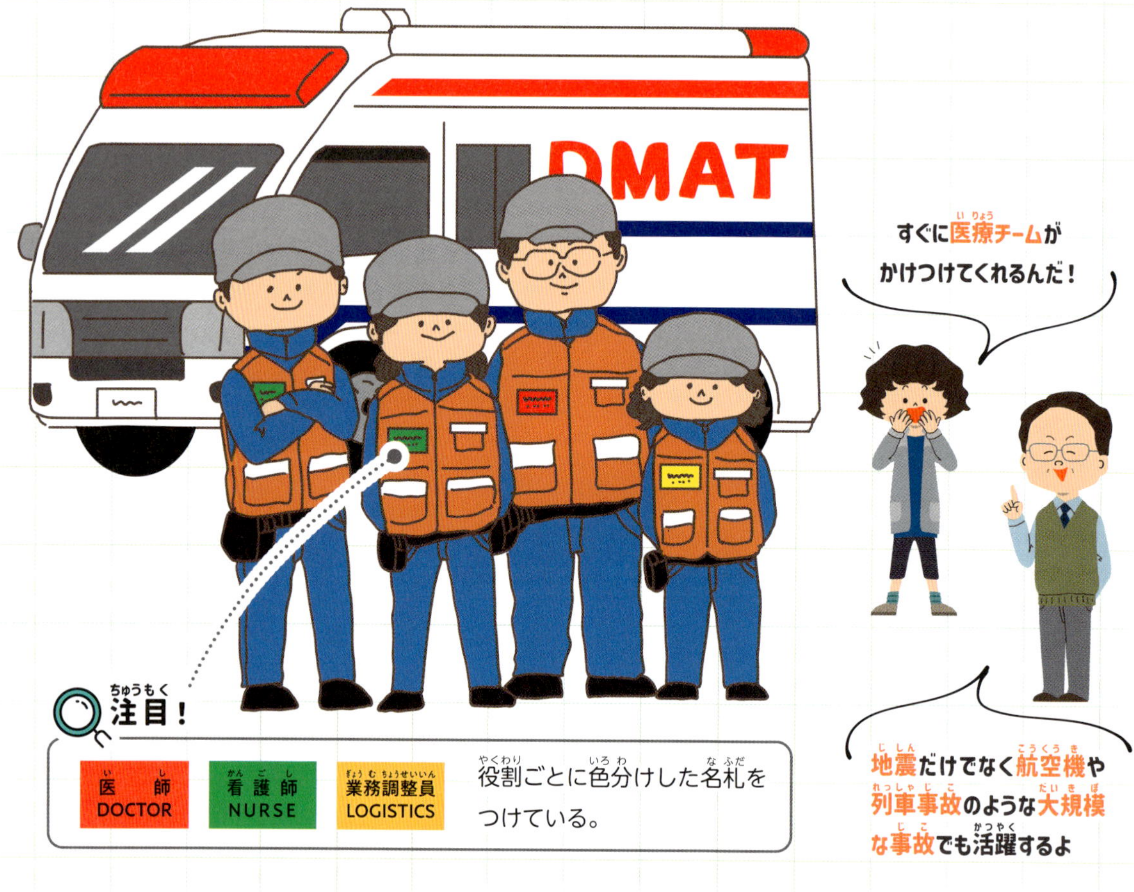

* 業務調整員……関係者との連絡をはじめ、薬などの物資手配、必要な情報を集めるサポートスタッフ

6 救急医療用ヘリコプター（ドクターヘリ）

この地震では多くの地域で道路が寸断され、救急車の出動が困難となりました。患者を運ぶだけではなく、医師をいち早く救急現場に連れていき、早期に治療を開始するため、救急医療専門のヘリコプター（ドクターヘリ）が本格的に運用されることへとつながりました。今では47の都道府県に配備されています。

コラム

ボランティアの活躍

阪神・淡路大震災では、多くのボランティアがかけつけ、のべ180万人（1997年12月末までの推定）が参加しました。震災直後の役割は、食料や物資を配ることや避難所の運営の手伝いなどでしたが、時間とともに引っ越しの手伝いや高齢者の世話などに変化していきました。この活動をきっかけに、被災者支援のボランティア団体が全国に数多く生まれ、1995（平成7）年は、「ボランティア元年」と呼ばれています。

新潟県中越地震

2004（平成16）年10月23日

日本有数の地すべり地帯で土砂くずれによる被害が拡大

震度7の激震が新潟県ののどかな山間地をおそいました。本震後1週間程度にわたって大規模な余震が発生し、震源地が地すべり地帯であったことから、道路だけでなく電気などのライフラインが寸断されたほか、土砂くずれなどによって家屋が倒壊し、山の中で孤立した集落もありました。避難者は、一時10万人を超えるほどになりました。

地震データ

発生時刻	2004（平成16）年10月23日 午後5時56分
震央	新潟県中越地方 深さ13km
地震の規模（マグニチュード）	6.8
死者	68人

出典：新潟地方気象台「平成16年（2004年）新潟県中越地震」

トンネル脇の斜面の大規模な崩落

土砂くずれが起きた国道17号

脱線した上越新幹線

同じ姿勢を続けてエコノミークラス症候群に

エコノミークラス症候群とは、飛行機のエコノミークラス席のようなせまい空間で、長時間足を動かさずに同じ姿勢を続けたときに足の血管内にできた血のかたまりが肺などにつまり、呼吸困難などを引き起こす病気です。

長期間にわたる避難所での生活や、せまい車の中で寝泊まりをする避難者の多くがエコノミークラス症候群を発症し、なかには死亡した例もありました。

地震後にできた！

1 緊急災害対策派遣隊「TEC-FORCE（テックフォース）」

地震などの大規模な自然災害が起きたときに、被災地にかけつけて技術的な支援を行う国土交通省から派遣される部隊です。災害用ヘリコプターにより被害状況を調査したり、衛星通信車を派遣して途絶えた通信回線を確保したりするなど、被災地の早期復旧に取り組みます。

2 緊急地震速報

緊急地震速報は、地震計が地震の発生とその規模を素早くとらえ、地震による強い揺れが来ることを数秒〜数十秒前に予測して、少しでも地震の被害を減らすために広く知らせるものです（▶2巻20ページ）。2007（平成19）年から一般向けの緊急地震速報が始まり、1年に2回、全国的な訓練を実施しています。

東北地方太平洋沖地震（東日本大震災）

2011（平成23）年3月11日

東日本の太平洋沿岸部をおそった、観測史上最大規模の地震と津波

マグニチュード9.0を記録した、国内観測史上最大規模であり、1900年以降では世界で4番目の大地震です。宮城県、福島県、茨城県、栃木県の4県で震度7や6強を観測しました。岩手県、宮城県、福島県を中心とした太平洋沿岸部には、巨大な津波がおそいかかり、原子力発電所で事故が発生。被害がさらに深刻化し、長期におよびました。

地震データ

発生時刻　2011（平成23）年3月11日 午後2時46分

震央　三陸沖 深さ24km

地震の規模（マグニチュード）　9.0

死者・行方不明者　2万2318人（災害関連死*を含む）

出典：復興庁「復興の現状と今後の取組」令和6年8月

大津波が岩手県久慈港をおそった瞬間

車が通れるように道路上のがれきを動かす

津波で冠水した宮城県多賀城市

＊ 災害関連死……避難生活などが原因で亡くなること。災害関連死を減らすための対策が進められている（▶27ページ）

地震や津波の観測データがとれない事態

この地震によって、青森県、秋田県、岩手県にある気象庁のすべての地震観測点でデータが途絶え、東北地方を中心とした地域で発生する地震について緊急地震速報が正しく発表できませんでした。また、検潮所*で確認された津波の高さは観測できる津波の高さをはるかに超えた箇所が多く、実際の津波の高さが観測できない事態になりました。

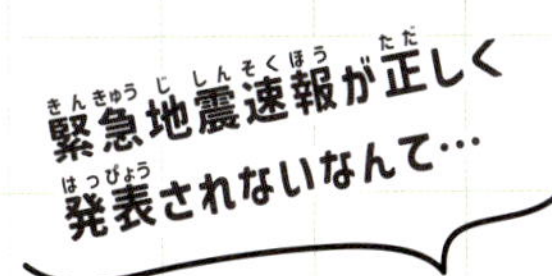

同じようなことが起きないように、このあと地震計が新しく50か所に設置されたよ

想定外の巨大津波とは

東日本の太平洋沿岸をおそった津波は、堤防や家屋、街などを飲み込み、多数の死者・行方不明者を出しました。岩手県宮古市では、陸地をかけ上がった津波の高さ（遡上高）が、国内観測史上最大となる40.5mを観測しています。

津波警報や注意報は、地震発生から約3分後に第一報が出されます。しかし、この短時間ではマグニチュード8.0を超える地震の規模を正しく計算できないことから、当時予想された津波の高さは、実際の高さより大きく下回っていました。

この反省をふまえて、気象庁は巨大地震のときの津波警報の伝え方を見直し（▶23ページ）、津波の高さの予想を「巨大」などと表現し、非常事態であることを伝えるようになりました。

津波の高さと遡上高

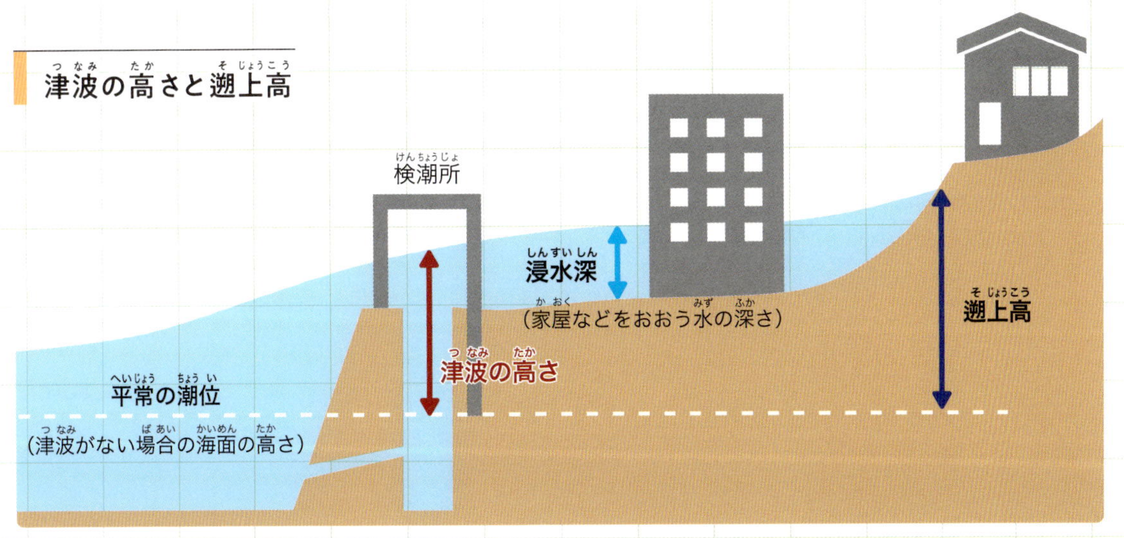

*検潮所……波の高さを測るところ

津波が引き起こした原子力事故

東京電力福島第一原子力発電所は、地震発生後に自動で原子炉が停止しました。しかし、およそ 50 分後に津波におそわれ、非常事態におちいりました。すべての電源を失い、原子炉や使用済み核燃料を貯蔵するプールの水を冷やすことができなくなったのです。

その後、爆発が起き、放射性物質が大量に放出する重大な原子力事故に発展しました。

発電所周辺の放射線量の多いところは避難指示区域に指定され、その地域に住む住民は避難を求められました。2024 年現在も、一部に帰宅困難区域が残っています。

爆発後の 1 号機

福島第一原子力発電所はどうなったのですか？

原子炉を解体する「廃炉」作業が進められているけれど、まだまだ時間がかかるよ

安心して暮らせる日が早く来るといいね

コラム

緊急事故で活躍した世界初の災害対応ロボット

福島第一原子力発電所では、国産の災害対応ロボット「Quince」が活躍しました。放射性物質で汚染された原子炉建屋の中には、人が入れない場所がたくさんあります。Quince は、60 度の傾きを登ることができ、福島第一原子力発電所 1 ～ 3 号機建屋の 1 階から 5 階までを人に代わって探査。放射線量を調べて、人が中に入って作業できるように、計画を立てるのに貢献しました。

災害対応ロボット「Quince」

首都圏でも帰宅困難者が発生

帰宅困難者と道路渋滞

地震の影響で、東京都や神奈川県などの首都圏でも大混乱が起きました。鉄道各線が運行を停止し、道路では大規模な渋滞が発生するなど、交通障害が起きたのです。そのため、家に帰ることができない人が続出し、首都圏で約 515 万人もの帰宅困難者が発生しました。なかには何時間も歩いて帰宅した人もいました。この経験から、駅や会社などでできる災害時の対策が進んでいます。

帰宅できない人はどうしたの？

学校などの施設が開放されてそこで過ごしたんだよ

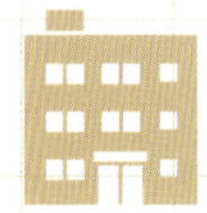

物資を届ける難しさと対応力

地震や津波によって道路や鉄道などが寸断され、港の岸壁が崩壊するなど物資を運ぶためのおもな輸送ルートが断たれました。全日本トラック協会では、地震発生直後から 24 時間体制で政府から要請された緊急輸送に対応し、食料品などを運び続けました。

また、貨物列車は不通区間があったため、ふだんは通らない日本海側にう回して、複数の機関車を交換しながら石油タンク車をけん引し、暖房用の灯油や車のガソリンのための石油を被災地に届けました。

ＪＲ貨物の緊急石油輸送列車

1 復興庁

復興庁は、復興庁設置法に基づき2012（平成24）年2月に発足しました。一刻も早く東日本大震災から復興できるように被災地に寄り添い、復興事業を実施するための組織として、内閣に設置されました。高齢者などの見守りや心身のケア、住まいや街の整備、水産加工業の支援などが継続的に行われています。

復興を支援するために
国民の税金でも
サポートしているよ

2 復興特別所得税

復興特別所得税とは、東日本大震災からの復興のために徴収される税金のことです。所得税の金額に付け加える形の税金で、2013（平成25）年から2037（令和19）年までの25年間、各年分の基準所得税額の2.1％を所得税とあわせて申告・納付するものです。

3 指定緊急避難場所と指定避難所

2013（平成25）年6月に災害対策基本法（▶34ページ）が改正され、市町村による指定緊急避難場所と指定避難所の制度が始まりました。

指定緊急避難場所は、地震、津波、洪水など災害による危険が迫っているときに、緊急に避難する一時的な避難先です。

一方、指定避難所は、避難した住民が災害の危険性がなくなるまで必要な期間滞在（宿泊）できる施設です。

指定緊急避難場所

災害の種類別に決められている一時的な避難先。公園や学校のグラウンドなど。

指定避難所

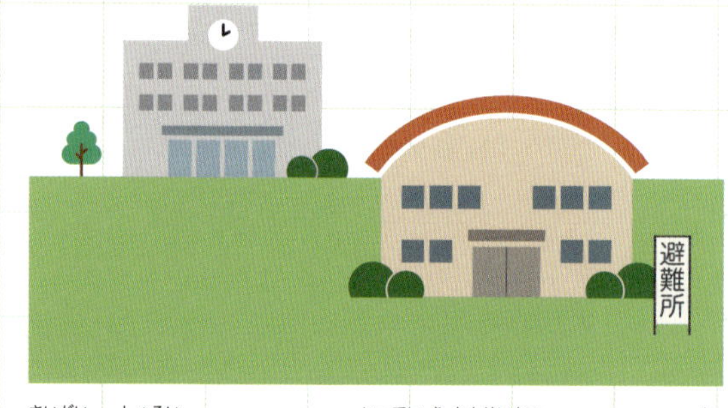

災害の種類にかかわらず一定期間生活するための施設。学校や体育館など。

4 特別警報

特別警報とは、警報の発表基準をはるかに超える大雨や、東日本大震災のような大津波などが予想され、重大な災害が起こるおそれが高まっている場合に発表されます。最大級の警戒を呼びかけるもので、特別警報が発表された場合は、その地域はこれまでに経験したことのないような重大な危険が差し迫った異常な状況にあります。

マグニチュード8.0以上の巨大地震が起きた場合、地震の規模をすぐに正確に推定する（見積もる）ことができません。そのため、地震が発生する海域で考えられる最大規模の地震が起きたときに予想される津波の高さを発表します。

1～3mであれば「高い」、3m以上であれば「巨大」と波の高さを表現し、非常事態を伝えます。その後、正しく推定した地震の規模であらためて津波の高さを計算し直して、津波の高さを発表します。

津波警報・注意報の分類

	予想される津波の高さ		とるべき行動
	数値での発表（発表基準）	巨大地震の場合の表現	
大津波警報（特別警報の位置づけ）	10m超 （10m<高さ）	巨大	沿岸部や川沿いにいる人はただちに高台や避難ビルなど安全な場所に避難する。 津波はくり返しおそってくるので、津波警報が解除されるまで安全な場所から離れない。 **ここなら安全と思わず、より高い場所を目指して避難する。**
	10m （5m<高さ≦10m）		
	5m （3m<高さ≦5m）		
津波警報	3m （1m<高さ≦3m）	高い	
津波注意報	1m （20cm≦高さ≦1m）	（表記しない）	海の中にいる人はただちに海から上がり、海岸から離れる。 津波注意報が解除されるまで海に入らず、海岸に近づかない。

気象庁の資料をもとに作成

命を守るために高い場所に避難しないといけないね！

心のケア　災害派遣精神医療チーム「DPAT（ディーパット）」

DPATは、自然災害、航空機・列車事故、犯罪事件などの大規模災害のあとに、被災者の心のケアを行う専門的な精神医療チームです。長期間におよぶ支援活動では、被災者だけではなく、支援する人たちの心のケアの対応も行います。活動期間は1週間を標準として、必要があれば1つの都道府県から数週間〜数か月継続して派遣します。

大きく変わった災害医療

診療と健康管理　日本医師会災害医療チーム「JMAT（ジェイマット）」

JMATは、日本医師会が編成する医療チームです。医師1名・看護職2名・医療事務職員1名の4名を基本にチームを組み、被災地の医師会から要請を受けて出動します。おおむね48時間以内に救急医療活動を行うDMAT（▶14ページ）から対応を引きついで、医療支援を行います。具体的には、避難所や医療支援が行き届かない地域を回り、被災者の健康状態や栄養状態、公衆衛生状態などをチェックし、改善の助言や指導にあたります。

福祉・介護

災害派遣福祉チーム「DWAT（ディーワット）」

DWATは、避難所で高齢者や障がい者、子どもなどに対する福祉支援を行います。被災するまで受けていたサービスやケアが受けられないことで、介護度が重度化したり、二次被害が起こったりすることを防ぐことが目的です。介護福祉士、介護支援専門員、社会福祉士、看護師、精神保健福祉士、保育士など民間の福祉専門職がチームで活動します。

東日本大震災のあと、心のケアを行う「DPAT」や、福祉・介護を支援する「DWAT」など、専門職の職員によって被災地を支えるさまざまな災害派遣チームが整備されました。どんなチームがあるのか見ていきましょう。

栄養・食生活

日本栄養士会災害支援チーム「JDA-DAT（ジェイディーエーダット）」

被災地内の医療・福祉・行政栄養部門などと協力して、緊急栄養補給物資などの支援を行う、食事の面からサポートするチームです。事前に研修を積んだリーダーとスタッフ、被災地の管理栄養士または栄養士を含む4名程度でチームを組み、災害が起きてから72時間以内に活動を開始します。

栄養士さんによる食生活の支援もあるんだね！

熊本地震

2016（平成 28）年 4 月 14 日、16 日

28 時間以内に同一地域で震度 7 の地震が 2 度発生

熊本県熊本地方でマグニチュード 6.5 の大地震（前震）が発生し、28 時間後にマグニチュード 7.3 の地震（本震）が発生。震度 7 規模の地震が同じ地域で連続して起こりました。この地震で熊本市のシンボルである熊本城の天守閣や石垣などが大きくくずれ、液状化現象なども起きました。また、災害関連死の多さも問題になりました。

地震データ

〈前震〉

発生時刻	2016（平成 28）年 4 月 14 日 午後 9 時 26 分
震央	熊本地方 深さ 11km
地震の規模（マグニチュード）	6.5

〈本震〉

発生時刻	2016（平成 28）年 4 月 16 日 午前 1 時 25 分
震央	熊本地方 深さ 12km
地震の規模（マグニチュード）	7.3
死者	274 人（災害関連死を含む）

出典：内閣府「平成 28 年（2016 年）熊本県熊本地方を震源とする地震に係る被害状況等について」（平成 31 年 4 月 12 日）、熊本県「平成 28 年熊本地震に関する被害状況について」（令和 6 年 9 月）

石垣のくずれた熊本城

土砂に巻き込まれて曲がった線路

本震のあとの地震（余震）は小さいと思う人が多いんだ。地震活動が続いている間は「余震」という言葉を熊本地震以降使わなくなったんだよ

必要な物資を国が緊急輸送

被災した自治体からの要請を待たずに、政府が被災地の要望を予測して物資を送る「プッシュ型支援」が、東日本大震災を教訓に、熊本地震から始まりました。大量の物資が集中して寄せられた結果、職員が対応に追われて物資が被災者に届かない事態が発生。必要とされない物資が大量に届く、ミスマッチの問題も起きました。

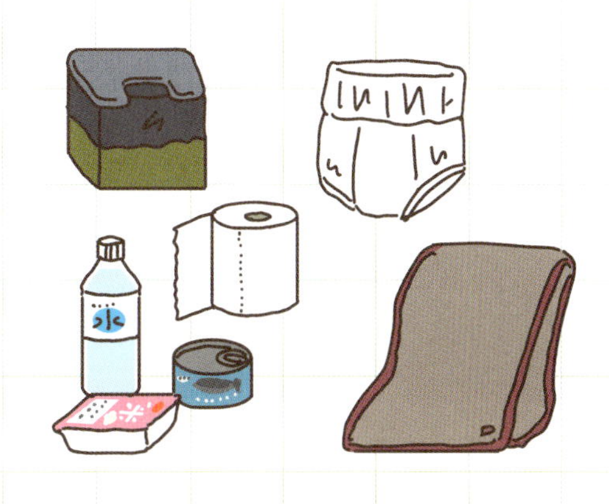

水道局の全国派遣

地震によって水道施設や水道管も被害を受けました。上下水道の復旧支援のため、全国の自治体から水道局の職員と水道工事事業者が派遣され、給水支援だけでなく、漏水調査や応急復旧が行われました。

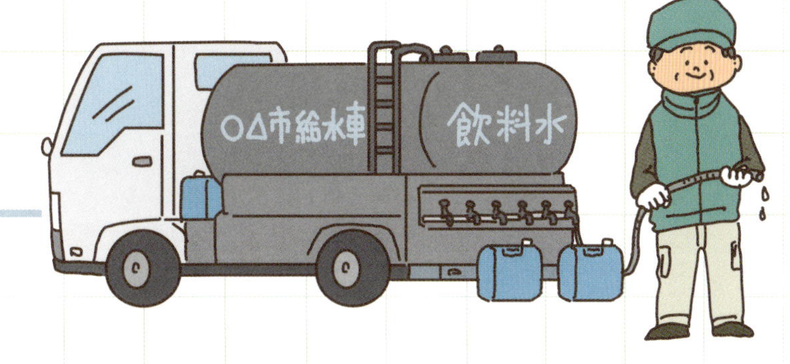

1 指定避難所以外の避難

熊本地震では、指定避難所ではなく車の中で避難生活をする「車中泊避難」などによって、体調をくずして命を落とす「災害関連死」が死者の約８割を占めました。指定避難所以外に避難する人を把握し、物資や保険医療サービスを行き届かせることや、災害関連死を減らすための避難所の質が課題になりました。

質の高い「T（トイレ）・K（キッチン）・B（ベッド）」を、48時間以内に整備する「TKB48」を合言葉とした避難所の改善活動も進んでいます。

北海道胆振東部地震

2018（平成30）年9月6日

広範囲におよんだ土砂災害

北海道胆振地方中東部でマグニチュード6.7の地震が発生しました。北海道で観測史上初めて震度7を記録した地震です。広い範囲に大規模な土砂くずれが発生し、札幌市などでは液状化現象が起きて住宅や道路に被害が出ました。また、地震の影響で火力発電所などが停止し、道内で大規模な停電が発生しました。

地震データ

発生時刻	2018（平成30）年9月6日 午前3時7分
震央	北海道胆振地方中東部 深さ37km
地震の規模（マグニチュード）	6.7
死者	44人

出典：札幌管区気象台「平成30年北海道胆振東部地震」

亀裂が入った厚真町の旧小学校校舎

山肌がはがれ落ち多数の倒木が発生

停電した信号機

道内の全域がブラックアウトで真っ暗に

北海道の火力発電所などが、地震のダメージを受けて緊急停止しました。その結果、道内全域の約295万戸で停電が起き、電力のシステムがすべて止まる「ブラックアウト」になりました。これは日本では初めてのことで、停電により交通や水道、医療などに大きな影響が出ました。

約2日後に99%の電気が回復しましたが、道内全域の家庭・業務・産業に対して、平日の午前8時30分～午後8時30分の間に「節電タイム」を実施。電力の使用量を約2割節約する「節電」を実施してもらうお願いをして、電力は安定しました。

1 電力供給への備え

北海道から九州までの電力システムは、すべて送電線でつながり、これによってほかの電力会社から電力を受け取れるようになっています。しかし、北海道と東北の間は送れる電力の量が小さく、完璧なシステムとはいえません。この地震以降、災害に強い電力ネットワークづくりや、再生可能エネルギーの活用など、安定した電力供給への取り組みが進んでいます。

能登半島地震

2024（令和 6）年 1 月 1 日

正月ムードが一変した元日に起きた大地震

2024（令和 6）年の元日、能登半島でマグニチュード 7.6、最大震度 7 の大地震が発生しました。三方を海に囲まれた山が多い半島という特徴から、被災地へアクセスすることが困難な状況が続き、救助や支援の遅れが生じました。同じ年の 9 月には、この地域を豪雨がおそいました。仮設住宅が浸水するなど被害が拡大し、進み始めた復興を後もどりさせ、被災者をさらに苦しめました。

地震データ

発生時刻　2024（令和 6）年 1 月 1 日 午後 4 時 10 分

震央　石川県能登地方 深さ 16km

地震の規模（マグニチュード）　7.6

死者・行方不明者

404 人（うち災害関連死 174 人）

※令和 6 年 10 月 1 日現在

出典：内閣府防災情報のページ「令和 6 年能登半島地震に係る被害状況について」

大規模な火災があった輪島市

海岸が隆起して干上がった波食棚*

液状化した石川県かほく市

＊ 波食棚……満潮では水没し、干潮のときに現れる平らな岩の面

海に囲まれたアクセスが困難な半島

通行止めが続く「ツインブリッジのと」

被害の大きかった奥能登と呼ばれる輪島市、珠洲市、能登町、穴水町の2市2町へは、アクセス方法が限られていました。地震によって道路や鉄道路線、港が大きく被災したため、陸海空すべての手段を使って救助や物資輸送が行われました。

特に主要道路の寸断、渋滞の発生により被災地到着までに大幅な時間がかかり、地震発生からしばらくは一般の車の利用をひかえるように呼びかけられました。本土から能登島にかかる「ツインブリッジのと」も破損し、本格的に復旧するまで3年近くかかるとみられています。

上下水道が長期間止まる

上下水道が大きく被害を受けて、長期間にわたり断水が生じました。そのため、トイレや入浴、洗濯などに使う生活用水の確保が困難となりました。自衛隊や地域の温浴施設などで入浴支援が行われたほか、洗濯キットや下着などのプッシュ型支援、洗濯乾燥機をのせたランドリーカーの派遣なども行われました。

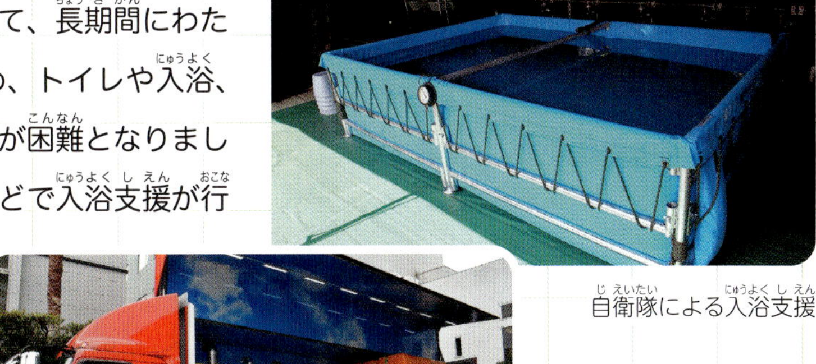

自衛隊による入浴支援

災害時用の移動式
ランドリーカー

被災地支援のさまざまな形が広がる

地震で被災した自治体に対して、「ふるさと納税*」による寄付支援が増えています。この地震では、ほかの地域の自治体が被災した自治体の代わりにふるさと納税の寄付を受け付けて事務作業を行い、被災地の負担を減らす「代理寄付」という取り組みが広がりました。また、観光客の旅行代金の7割を国が補助する「復興応援割」によって被災地域の観光を盛り上げたり、能登の特産品を買ったりする支援も広がっています。

* ふるさと納税……生まれたふるさとや応援したい自治体に寄付ができる制度

見えてきた課題

1 高齢者の多い地域の2次避難

自宅が被災して復旧するまでの間や仮設住宅に入居できるまでの間に、生活環境が整ったホテルや旅館などに移ることを、2次避難といいます。持病のある人や75歳以上の高齢者は、2次避難所に移るようにすすめられています。

被災した6市町*1は、65歳以上の高齢者の住む割合が約44%で、全国平均の約28%*2を大きく上回っています。自宅が被災した高齢者のなかには、住み慣れた土地を離れたくないという人も多く、2次避難が進まないという問題も起こりました。

2次避難先になった加賀温泉郷

2 漁業の復旧・復興

地震によって石川県内の69漁港のうち60漁港が被災しました。能登半島では輪島市、珠洲市を中心に地盤が最大4mも隆起したため漁港が使えなくなるところが多く、海だったところが陸になってしまい、船が乗り上げたり、水深が浅くなったりしました。

地盤が隆起して船が磯に乗り上げた鹿磯漁港

隆起が確認された範囲

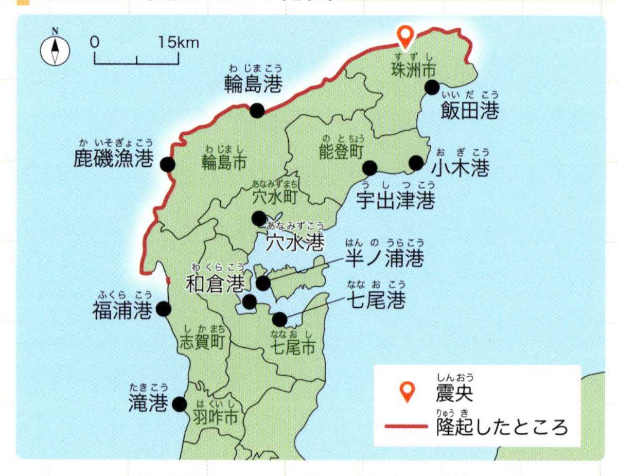

さらに津波によって船や漁具が流されるなどの被害もありました。奥能登は、漁業をはじめとした水産業に関わる人が多い地域です。生活していくためにも漁港の復旧と漁業の復興が課題となっています。

地震で海岸線が遠くなったんだね

4mもの隆起は数千年に一度起こるぐらいのめずらしいことなんだって

*1 被災6市町…七尾市、輪島市、珠洲市、志賀町、穴水町、能登町　*2 令和2年における高齢化率。国勢調査をもとに内閣府が作成

被災地でインタビュー

助かった命をつなぐために

能登半島で災害支援活動をする「災害 NGO 結」の前原土武さんに、被災地の様子や課題について聞きました。

災害 NGO 結 代表 **前原土武**さん

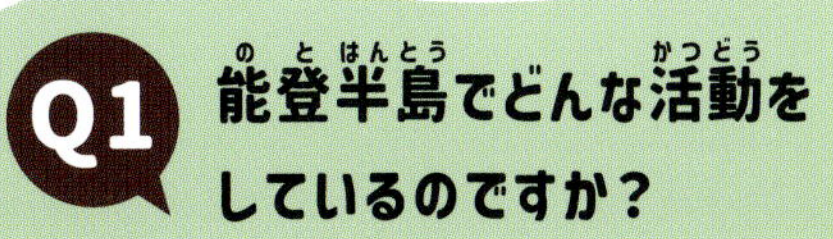

Q1 能登半島でどんな活動をしているのですか？

私たちは国内で大きな災害があると 24 時間以内にかけつけ、どこにどれくらいの支援が必要なのかを見立てます。能登半島には地震発生の翌日、1 月 2 日に入りました。重機を使った作業から入浴支援、お茶を飲みながら話すサロンや家屋の廃材を使って新たなものを作るマルシェを開くなど、活動はさまざまです。

Q2 活動のなかで大切にしていることを教えてください。

災害関連死を増やさないためにも、助かった命をつなぐことを大切にしています。被災者は不安や怒り、怖いといった気持ちを抱えているので、気持ちに寄り添い、少しずつ前向きになれるような希望を届ける支援こそが必要だと思っています。地域に合った支援をすることや、自分たちがケガをしないように安全面にも気をつけています。

Q3 これまで支援した被災地と能登半島はどんなところが違いますか？

半島という立地でアクセスしにくいうえに、活動拠点となる宿泊施設が被災地周辺にないため、廃校を活用してボランティアを受け入れる広域支援ベースをつくりました。奥能登は特に高齢者が多く、復興をになう若い世代がほとんどいません。伝統のお祭りを行うのもサポートが必要です。

Q4 大きな地震のたびに課題は生まれているのでしょうか。

新潟県中越地震のあとに、社会福祉協議会が災害ボランティアセンターを立ち上げるようになるなど、社会課題を受けてボランティアに関する制度も変化しました。私たちも、巨大地震に備えた防災体制へと更新していかないといけません。高齢化、人口減少が進む地域が被災した場合の課題は今後も起きると思うので、体制を考えることが必要です。

Q5 私たちにできることがあれば教えてください。

災害が起きたときに初めて、電気や水のある日常の暮らしや地域、家族や友だちの大切さに気づきます。日ごろから自分と自分の周りの人や物を大切にしてください。もし被災地にボランティアに行くことがあれば、被災者と話をして元気づけることもできるし、いろんな支援の形があります。人を思う力は大切で、大きな力です。小さなことからでも始めてみてください。

地震とともに見直される法律

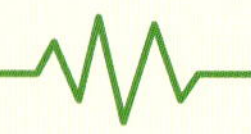

災害予防のために

災害対策基本法　1961（昭和36）年制定

日本の防災対策の基本となる法律

日本の防災対策の基本的な法律として、災害対策基本法が定められています。これをもとに、災害にあわないための「予防」、災害にあってしまった場合の「応急対応」、災害からの「復旧・復興」という3つの防災対応サイクルにそって、さまざまな法律や制度があり、対応が行われるしくみになっています。

防災計画を立てて災害に備える

災害対策基本法をもとに、国や地方公共団体などの行政機関は防災計画を作成し、いつ起こるかわからない災害に備えています。避難場所の指定、建築物の耐震診断、防災訓練、食料品や飲料水、簡易トイレ、毛布などを備蓄しておくことも、災害予防対策にあたります。

地震や津波など災害の多い日本には、災害にあわないための予防の法律と、災害にあってしまったときに被災地や被災者を救済する法律があり、何度も改正されています。どんな法律や制度があるのか見てみましょう。

建築基準法　1950（昭和25）年制定

建物の安全性を確認するための法律

建築基準法は、建物の安全性を守るための最低基準を定めた法律で、大正時代につくられた市街地建築物法に代わってできました。この法律で定められている耐震基準は、大きな地震を経験するたびに被害状況などを調査して、改正がくり返されています。

耐震基準を守ることで、建物の安全性が高まって倒壊しにくくなり、命を守ることにつながるのです。

地震と建築に関する法令等の整備

地震	法令等
1891（明治24）年　濃尾地震	
	1919（大正8）年　市街地建築物法
1948（昭和23）年　福井地震	
	1950（昭和25年）　建築基準法
1978（昭和53）年　宮城県沖地震	
	1981（昭和56）年　建築基準法改正（新耐震基準）
1995（平成7）年　阪神・淡路大震災	1995（平成7）年　耐震改修促進法
	2000（平成12）年　建築基準法改正、住宅の品質確保の促進等に関する法律

『防災士教本』をもとに作成

地震に備えた設計を義務づける新耐震基準

1981（昭和56）年以降の耐震基準を「新耐震基準」と呼びます。1981年より前は震度5までの地震しか想定されていませんでしたが、新耐震基準では、震度6強程度の大地震にも耐えられるような設計が義務づけられました。

また、阪神・淡路大震災の経験から、2000（平成12）年に大きな改正が行われています。

旧耐震基準と新耐震基準の違い

耐震基準	震度5程度の地震	震度6強の大地震
旧耐震基準（1981年5月31日以前）	倒壊・崩壊しない	規定なし
新耐震基準（1981年6月1日以降）	軽微なひび割れ程度	倒壊・崩壊しない

さまざまな地震で被害を受けた建物の多くは旧耐震基準のものだよ

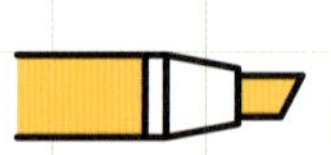

被災したときに

災害対策基本法　1961（昭和36）年制定

被災者や負傷者に応急に対応する

災害対策基本法では、国や公共団体などの行政機関が、災害にあってしまった場合にどのように応急で対応するのか、防災基本計画や地域防災計画を作成することを定めています。

被災地域だけで対応するのが難しい救助などは、消防、警察、自衛隊などが派遣されます。

被災した住宅の修理・建築のための罹災証明書の発行

市町村が行う災害対応のひとつが、罹災証明書の発行です。被災した住宅の被災状況の調査（被害認定調査 ▶3巻35ページ）が終わったあと、役所に申請すると発行されるもので、「全壊」「半壊」「準半壊」などと住宅被災の程度が記されています。応急修理制度を活用すると、被害の程度によって住宅の屋根や壁、床などの生活に欠かせない部分を修理する場合に、修理・建設費用の一部を自治体に負担してもらえます。

壊れたものをかたづけてしまっても被災の認定は受けられるの？

かたづける前に写真を撮って記録しておく必要があるよ

災害にかかる住家の被害認定の基準

被害の程度	全壊	大規模半壊	中規模半壊	半壊	準半壊	準半壊に至らない（一部損壊）
損害割合	50%以上	40%以上 50%未満	30%以上 40%未満	20%以上 30%未満	10%以上 20%未満	10%未満

内閣府防災情報のページをもとに作成

災害救助法　1947（昭和22）年制定

応急的に必要な救助を行うための法律

災害救助法は、大地震などの災害が発生したときに、国が地方公共団体、日本赤十字社、そのほかの団体、国民の協力のもとに、被災地への応急的な救助や被災者の保護を行うための法律です。救助の内容や方法は、災害の規模や状況、被災地の地域性などに応じたものへ、時代によって変化しています。

被災した子どもへの文房具の支給、生活必需品の支給や貸し出しは、この法律のもとで行われます。

仮設住宅を提供する

プレハブタイプの仮設住宅

地震などの災害で家が全壊、全焼または流失してしまい、自力で家を確保できない人に対して、国が仮設住宅を提供することが災害救助法で定められています。

これまでの仮設住宅といえばプレハブ建築でしたが、東日本大震災以降は、材料の調達がしやすく居住性の高い木造建築が増えてきました。最近は、賃貸住宅を都道府県が借り上げて被災者に提供する、「みなし仮設住宅」も増えてきています。

被災者生活再建支援法　1998（平成10）年制定

支援金を支給して生活の安定と復興をサポートする法律

被災者生活再建支援法は、阪神・淡路大震災をきっかけに制定された法律です。地震などの自然災害によって生活に大きな被害を受けた人に対して、都道府県が支援金を支給し、被災者の生活の安定と被災地の素早い復興をサポートします。

支給の対象となる災害の種類や規模が定められており、支援金額は被害の程度によって決定します。

さくいん

い

医療支援 …… 24
岩手・宮城内陸地震 …… 5

え

衛星通信車 …… 17
液状化（現象） …… 26, 28, 30
エコノミークラス症候群 …… 17

お

応急修理制度 …… 36
応急対応 …… 34
大阪府北部の地震 …… 5
大津波警報 …… 23

か

海洋プレート …… 4, 5
火災旋風 …… 7
仮設住宅 …… 30, 32, 37
かまどベンチ …… 7
火力発電所 …… 28, 29
関東大震災➡大正関東地震

き

気象庁 …… 12, 19
北アメリカプレート …… 5
帰宅困難区域 …… 20
帰宅困難者 …… 21
寄付支援 …… 31
救急医療用ヘリコプター（ドクターヘリ） …… 15
給水支援 …… 27
急性期 …… 14
旧耐震基準 …… 35
巨大地震 …… 19, 23, 33
緊急災害対策派遣隊「TEC-FORCE」 …… 17
緊急地震速報 …… 12, 17, 19
緊急消防援助隊 …… 13

く

熊本地震 …… 5, 26

け

芸予地震 …… 5
原子力発電所 …… 18, 20
建築基準法 …… 35
現地調査 …… 9, 10

こ

広域災害救急医療情報システム「EMIS」 …… 14
交通障害 …… 21
高齢化 …… 33
心のケア …… 24

さ

災害派遣医療チーム「DMAT」 …… 14, 24
災害関連死 …… 18, 26, 27, 30, 33
災害救助法 …… 37
災害対応ロボット …… 20
災害対策基本法 …… 22, 34, 36
災害派遣（チーム） …… 13, 25
災害派遣精神医療チーム「DPAT」 …… 24, 25
災害派遣福祉チーム「DWAT」 …… 25
災害ボランティアセンター …… 33
災害予防対策 …… 34

し

自衛隊 …… 13, 31, 36
支援金 …… 37
地震活動 …… 12
地震観測点 …… 19
地震計 …… 12, 19
地震調査 …… 12
地震本部（地震調査研究推進本部） …… 12
地すべり …… 11, 16
指定緊急避難場所 …… 22
指定避難所 …… 22, 27
車中泊避難 …… 27
準半壊 …… 36
昭和三陸地震 …… 4
人口減少 …… 33
浸水 …… 30
新耐震基準 …… 35
震度階級 …… 10
震度計 …… 9, 10

せ

節電 …… 29
全壊 …… 36, 37
全国地震動予測地図 …… 12
前震 …… 26

そ

遡上高 …… 19

た

耐震基準 35
耐震診断 34
耐震性 11
大正関東地震（関東大震災） 4, 6, 7
太平洋プレート 5
代理寄付 31
大陸プレート 4, 5
断水 31

つ

津波 6, 18, 19, 20, 21, 22, 23, 32
津波警報 12, 19, 23
津波注意報 19, 23

て

TKB48 27
停電 28, 29

と

東京帝国大学（東京大学）地震研究所 7
東北地方太平洋沖地震（東日本大震災） 5, 18, 22, 23, 25, 27, 37
十勝沖地震 5
特別警報 23
特別高度救助隊・高度救助隊 13
土砂くずれ 16, 28
土砂災害 6
鳥取県西部地震 4
鳥取地震 4

な

南海地震 4

に

新潟県中越沖地震 5
新潟県中越地震 5, 16, 33
2次避難 32
日本医師会災害医療チーム「JMAT」 24
日本栄養士会災害支援チーム「JDA-DAT」 25
日本海中部地震 4
入浴支援 31, 33

の

能登半島地震 5, 30

は

ハイパーレスキュー 13
廃炉 20
波食棚 30
半壊 36
阪神・淡路大震災➡兵庫県南部地震

ひ

被害認定（調査） 36
東日本大震災➡東北地方太平洋沖地震
被災者生活再建支援法 37
避難指示区域 20
避難場所 34
兵庫県南部地震（阪神・淡路大震災） 4, 8, 9, 10, 12, 13, 14, 35, 37

ふ

フィリピン海プレート 4
福井地震 4, 35
復興応援割 31
復興小公園 7
復興庁 22
復興特別所得税 22
プッシュ型支援 27, 31
ブラックアウト 29
ふるさと納税 31

ほ

防災計画 12, 34
防災公園 7
防災対策 34
防災の日 7
北海道胆振東部地震 5, 28
北海道南西沖地震 4
ボランティア 15, 33
本震 16, 26

み

みなし仮設住宅 37

ゆ

ユーラシアプレート 4

よ

余震 16, 26

ら

ライフライン 16

り

罹災証明（書） 36
隆起 30, 32

監修　土井恵治（どい・けいじ）

一般社団法人土佐清水ジオパーク推進協議会 事務局長。京都大学大学院理学研究科修士課程修了後、気象庁に就職。地震や火山の分野を長く経験し、東京大学地震研究所に助教授として一時在籍。地震や火山噴火のしくみ、予測技術などの技術開発現場で、地震調査研究推進本部の立ち上げ、緊急地震速報の導入など最先端の現場で活躍。2021 年から土佐清水ジオパークに参加。最先端の難しい事柄をかみ砕いてわかりやすく伝えることを心掛けている。監修本に『地震のすべてがわかる本 発生のメカニズムから最先端の予測まで』（成美堂出版）等がある。

おもな参考資料・文献・サイト

『教訓を生かそう！ 日本の自然災害史 2 地震災害② 平成以降の震災』山賀進監修／岩崎書店
『なるほど知図帳　日本の自然災害』昭文社
『防災士教本』認定特定非営利活動法人 日本防災士機構
気象庁 HP／厚生労働省 HP／国土交通省 HP／地震本部 HP／総務省消防庁 HP／内閣府防災情報のページ／復興庁 HP

取材協力

災害 NGO 結

写真協力

気象庁、あいおいニッセイ同和損保㈱、神戸市、阪神高速道路㈱、総務省消防庁、大阪市消防局、陸上自衛隊、大阪大学医学部附属病院 高度救命救急センター、新潟地方気象台、長岡市、東北地方整備局震災伝承館、東京電力ホールディングス、東北大学、国際レスキューシステム研究機構、日本貨物鉄道㈱、熊本災害デジタルアーカイブ、札幌管区気象台、北海道開発局、WASH ハウス㈱、石川県農林水産部水産課、災害 NGO 結、Adobe Stock、PIXTA、PHOTO AC

地震と私たちの暮らし
①変わる制度・法律と取り組み

2025年1月5日発行　第1版第1刷©

監　修　土井 恵治
発行者　長谷川 翔
発行所　株式会社 保育社
〒532-0003
大阪市淀川区宮原3－4－30
ニッセイ新大阪ビル16F
TEL 06-6398-5151　FAX 06-6398-5157
https://www.hoikusha.co.jp/
企画制作　株式会社メディカ出版
TEL 06-6398-5048（編集）
https://www.medica.co.jp/
編集担当　中島亜衣／二畠令子
編集協力　株式会社ワード
執　　筆　澤村美紀／有川日可里（株式会社ワード）
装幀・本文デザイン　西野真理子（株式会社ワード）
イラスト　池田蔵人
校　　閲　株式会社文字工房燦光
印刷・製本　日経印刷株式会社

ISBN978-4-586-08683-2　　Printed and bound in Japan
乱丁・落丁がありましたら、お取り替えいたします。